TSUKUBASHOBO-BOOKLET

暮らしのなかの食と農——70

もうひとつの「食料危機」を回避する選択

「海」と「魚食」の守人との対話から

鈴木宣弘・山田衛 編著

Suzuki Nobuhiro, Yamada Mamoru

筑波書房ブックレット

表紙写真＝魚本勝之
表紙デザイン＝古村奈々 +Zapping Studio

目　次

対談1は2019年、対談2〜4は2021年に実施。記載した数値や肩書などは、いずれも当時のものです。

序章
漁業の「成長産業化」を唱道する者たちへの問い
―大資本の資源管理型漁業に未来はあるか―

東京大学大学院農学生命科学研究科教授　鈴木宣弘

「水産特区」と「改定漁業法」で企業開放を促進

日本の漁業はどうなってしまうのかと疑問を抱き、水産行政の在り方について声を上げなければならないと激しい焦燥感に駆られたのは、実家が漁業者で現在も親類縁者がノリやカキの養殖を生業（なりわい）にしているからです。子どもの頃は私も一緒に働き、漁業という仕事の「やりがい」も「苦労」も実感しました。日本は周囲を海に囲まれた海洋国家であり、太古の昔から魚介類を貴重なタンパク源として摂取してきました。それは現在も変わりません。海は私たちの「いのち」の源であり、その海を守りながら魚介類を採取する漁業者は「いのちの産業」の重要な担い手であるのはいうまでもないことでしょう。

ところが、1984年には1282万トンと過去最高を記録した日本の漁業生産量は減少傾向にあり、2020年には418万トンと３分の１の水準に落ち込んでしまっています。目に見えて漁業者も減り、14.6万人（2016年）になりました。気になる自給率は重量ベースで59パーセント、海藻類が69パーセントと健闘していますが、厳しい現実が続いています。低迷する魚価も一向に改善される兆しがありません。こうしたなか、安倍晋三政権は2011年の東日本大震災の被災地である宮城県に「水産特区」を導入する規制緩和に踏み切りました。この結果、従来は都道府県知事が漁業協同組合（漁協）に優先的に付与してきた「漁業権」を一般企業にも開放する道が開かれたのです。

海は「みんなのもの＝共有財産＝コモン」なのに

2018年には改定漁業法が公布され、2020年12月に施行されました。この法律の主眼は漁業権の「門戸開放」にあり、民間企業の漁業参入を促進することにあるようです。漁業権は「磯は地付き、沖は入会（いりあい）」という言葉に象徴されるように、漁村に面した磯（前浜）での操業と漁場管理の方法は地元の漁業者同士が話し合って決め、沖での操業ルールも漁業者同士の協議で決める「自治」の仕組みに基づいた行使権であり、所有権ではありません。その仕組みを主体的に維持し、沿岸漁業は営まれてきました。まさに海は「みんなのもの＝共有財＝コモン」であり、「だれかの所有物」ではないことを前提とする「共同体管理」の見事な結晶といえます。漁業者同士の協議の場を仲介できるのは地元の事情に精通した漁協です。この歴史的事実を踏まえ、漁業権は優先的に漁協に付与されてきました。そうした伝統的な知恵から生まれた仕組みを改定漁業法が棄損しかねないと知り、大変な事態になったと私は直感し愕然（がくぜん）としたのです。

「科学的管理手法」と「企業養殖」の抱える諸問題

改定漁業法には「資源の最大持続的生産量（MSY）」という理論を適用した「科学的管理手法」の順守義務が盛り込まれました。MSYに基づき個々の漁業者や漁船ごとに１年間の漁獲量を割り当て、割当を超える量の漁獲を禁止し、漁獲量の管理を行う「Individual Quota=IQ」制度が導入されたのです。水産庁は「各漁船、漁業者別に割当量が定められているため、乱獲による資源枯渇という『共有地の悲劇』を引き起こさないための措置」としています。むろん、乱獲への歯止めは必要ですが、沿岸・沖合・遠洋各漁業の「特性」を度外視した一律の対応には疑問が残ります。そもそも、日本の漁法は混獲が主体で魚種ごとの割当制度にはなじまないのです。MSYを「金科

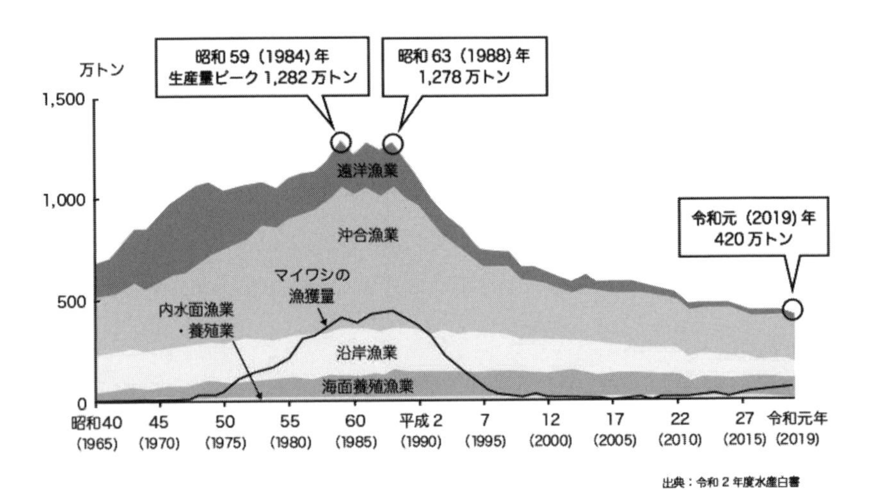

国内漁業・養殖業の生産量の推移

玉条」の如く扱うことにも大きな違和感を覚えます。科学的管理といいますが、どんな理論にも限界性があります。これまでもMSYに基づいた資源予測は連綿と実施されてきました。しかし、結果は当たるも八卦、当たらぬも八卦が実際のところで、残念ながら机上の空論の域を出ていないとしいうしかありません。

IQ制度の導入と相まって、漁船のトン数規制が緩和され、譲渡可能個人漁獲割当量「Individual Transferable Quota＝ITQ」制度の導入も視野に入れられています。それはTAC（漁獲可能量）により設定された漁獲枠を漁業者個人または漁船別にあらかじめ分配し、さらに個々の漁業者間で漁獲枠の譲渡を原則自由とするもので、欧州では採用する国が多いとされています。ITQ導入の理由として挙げられるのがTACをもとに漁獲の自由競争を認めると操業の安全が脅かされかねない、違反操業が増加し、需要を大きく超えた供給が水産物の市場価格の低下を招きかねないというものです。

しかし、ITQには資本力の強弱からくる力関係が働きかねないという懸念がついて回ります。いずれは漁獲割当量が「証券化」され、さながらCO_2（二酸化炭素）の排出権のように「取引市場」が設けられる可能性もあります。そうなれば人類の共有財産（コモン）である海が投機対象となり、カネがカネを生むマネー資本主義の道具になりかねません。漁業が「私企業＝個人のもの（私）」に席巻され、海も「皆のもの（公）」ではなく「だれかのもの」と化してしまうとしたら、何とも耐えがたい話ではないでしょうか。

そんな取り返しのつかない悲劇を招くのではなく、漁協を仲介役とする漁民同士の「共同体管理」が資源枯渇を防ぐための防波堤となり、現在も有効に機能している事実に注目し、漁村コミュニティの力を衰退させないための政策をとりまとめ、予算投入を進めるのが政府の役割と責務だと思うのですが、水産特区の導入も改定漁業法も逆ベクトル（方向性）を目指している気がしてなりません。「高齢化していて後継者もいない」「新規就労者も頭打ちではないか」「まったく生産性が上がっていない」と漁業者に無言の圧力をかけ、「大企業が養殖に乗り出せば、マグロもノリも億単位の収益が上がり、成長産業になる」と漁業権の召し上げをほのめかす制度の典型的な例が「特区」で、それを全国展開するための改定漁業法だとすれば、漁村の暮らしも魚食文化も私たちの「いのち」の糧である魚介類の持続的な安定供給も崩壊の一途をたどるでしょう。そうなれば、私は自分の精神と身体をはぐくんでくれた生業の地である「ふるさと」を失います。そうしてはならない、そうならないように何としても声を上げ続けなければと、いてもたってもいられない気持ちがこみ上げてきます。

この30年、日本の漁業と農業は「今だけ、カネだけ、自分だけ」の３だけ主義に象徴される「新自由主義経済」に根底から揺さぶられ続けてきました。何事も「市場原理」に委ね、資本力が強大な企業と家族経営の中小零細漁業者と農業者が同じ土俵で競争して優劣を決めるという政策です。そんな「対等・平等・フェア」とは到底いえない農政と漁政に漁業者と農業者は翻弄されてきました。農業がいかに手ひどい「被害」を受けたかはいうまでもありません。これに輪をかけてひどいのが漁業に対する露骨なまでの仕打ちです。背景には1970年代初頭から世界各国が「200海里経済水域」を設定した結果、大資本経営が主体だった遠洋・沖合漁業が衰退し、その減収を取り返すための規制改革があると指摘する人がいます。これが「漁業を成長産業に」という主張の根底にある真の狙いの一つであり、その肝（きも）の一つとなるのがマグロやトラフグ、タイなどを中心とする「企業養殖」だというのです。

「日本の共同体管理漁業は最先端」と北欧の専門家が評価

家族経営の漁業者が廃業を余儀なくされ、代わって企業が養殖ビジネスを展開することになれば漁業者は暮らしの糧を失います。それが最大の懸念材料ですが、養殖される魚がゲノム編集を施された「遺伝子操作体」に置き換えられる恐れもあります。開発者は「安全であり、自然界に放出されてもすぐに死んでしまうから問題ない」としていますが、どうでしょう。日本は世界で初めて魚類にゲノム編集技術を適用した国であり、すでに「筋肉ムキムキ」の真鯛やトラフグが開発され、実用化が図られています。そんな動きに米国の消費者が「世界で最初のゲノム寿司」「こんなもの、食えるか」と大反発していることも付記しておきたいと思います。まさにゲノム編集された養殖魚を日本の消費者が受け入れるかどうかが問われているのです。その点を十分に確認しないまま「新技術の導入は生産を効率化するから急ぎ進めよ」

では遅かれ早かれ目論見は頓挫（とんざ）する、消費者の理解を得るのは想像以上に高い「壁」になると開発企業は知るべきでしょう。

しかし、実に残念なことに新自由主義を信奉する企業経営者たちは「より規制撤廃を進め、さらなる自由競争が生まれれば確実に日本漁業は発展する」と主張を一向に変える気はないようです。トータルで見れば生態系が棄損され、たとえ一握りの企業が儲かっても多くの人びとが苦しみ、漁業者に卸事業者、水産加工業者や造船・補修事業者などコミュニティを支えてきた関連産業が衰退すれば意味がないにもかかわらずです。これこそ「コモン（共有地）の悲劇」ではないですか。一部の資本家の利潤追求のためだけに、机上の論理を振りかざして法制度を整備していく。そんな無茶苦茶な「蛮行」が平然と実行に移されているのを何とかして止めなければなりません。漁業の場合は特に資源管理が重要になります。資源管理がきちんとでき、環境や資源が持続できるようにすることが「今だけ、カネだけ、自分だけ」の新自由主義経済で可能かといえば答えはいうまでもないでしょう。

すでに大資本・大企業の力で資源管理型漁業を進める手法が限界に達していることを欧米諸国は認識し始め、とりわけ漁業については転換点を迎えていると説く研究者が出てきています。これまで北欧諸国は大企業が「効率的で生産性の高い操業」を続ければ万事解決するというスタンスで水産行政に臨んできましたが、その結果として残ったのは仕事も収入も失った多くの人たちと賑わいが消えた地域であり、肝心な資源管理もうまく機能しないという現実だけだったといいます。この失敗を猛省し、ではどうしていけばいいのかと研究を重ねて行き着いたのが「日本の漁村の共同体管理」が最も優れているとの結論でした。漁業コミュニティで暮らす漁業者が漁協を中心として共同体的なルールを決め、互いに話し合いを重ねながら資源を獲りすぎないようにする。だれが一人勝ちするようなことがないよう「平等性」の実現に努めつつ、条件の良い養殖場は順番に回して利用するというファイン・チューニング（きめ細やかな調整）を伝統的に継続してきている点が大きく注目されたのです。

「今年はちょっと海と魚の状態が違うから」と漁協に集まっては話し合い、漁業者同士で微調整しながら、きめ細かな約束事を決めていく。ときには意見対立もあるでしょうが、最終的にだれもが納得するという「自治」のもとに打開策が打ち出され、皆で実行するわけです。一見、どこか遠回りのようであり非効率にも見えますが、それが大きな力になっています。だから、水産資源が守られ、生業も持続可能なものとなる。この歴史的事実を知った欧米の研究者は口をそろえて「日本はすばらしい」と称賛したのです。デンマークから来日し、東北大学東北アジア研究センターで准教授として働くアリーン・デレーニさんは「日本こそが世界の（資源管理型漁業の）最先端。ヨーロッパは学ばなければいけない」と評しています。ところが、日本の漁業政策はまるで反対の方向に進もうとしているのですから、何とも皮肉な話というしかありません。

魚価の低迷招く「価格引き下げ圧力」と「共販つぶし」

なぜ、こんなことになるのかといえば、漁業者の所得がなかなか向上しないという根本的な問題が解決されないからです。そこに政府が真剣に力を入れようとしないというゆがんだ政策の結果です。農業も同じです。米国の意向におもねり、徹底的に米国から輸入し、関税は4.1パーセントとほとんどないに等しい状態にしてしまいました。とにかく安い輸入品をどんどん入れて、国産品の価格に下降圧力をかけ、漁業者の所得が上がらない構造を固定化するわけです。そんな「政策誘導」ともいえる動きが強化され続けてきました。日本では人件費も含め、燃料や機材費などの生産コストがどうしても高くなります。一方、所得は一向に向上しません。この厳しい現実を是正する「価格支持政策」や「所得補償政策」がまったく打ち出されていないのです。農業所得に占める補助金率は３割ですが、漁業はその半分の１割５分くらいしか入っておらず、ほとんど保護されていないのが実態です。

そうした過酷な環境に置かれた小さな漁業者や農業者が強大な資本を有する企業との競争を迫られるとき、「防波堤」の役割を果たしているのが漁協や農協に代表される協同組合です。漁業者や農業者が自らの意思で出資し、その事業を利用し、組織運営にも参加する協同組合の中心的な事業の一つが共同販売（共販）であり、この仕組みが水産物や農産物の値崩れを防ぐ「カウンター・ベイリングパワー（拮抗力）」となっています。この「正当性」を認め、協同組合の共販制度は独占禁止法（独禁法）上のカルテルとは認めず、その「適用除外」とするのが世界的な常識であり、これを日本も順守してきました。ところが、2022年に「有明のり」をめぐり、漁協の共販がカルテルに当たり、価格の「高値維持」を狙ったものと決めてかかるような動きがありました。公正取引委員会が福岡、佐賀、熊本の九州３県の漁協と漁連に調査に入ったのです。むろん、独禁法違反には当たらないとの結論に至りましたが、何やら協同組合への脅迫とも受け止められても仕方がないような出来事です。政府の諮問機関である「規制改革推進会議」からの「共販骨抜き要請」があるのではないかとの指摘もあります。

政府という「公」が大手「私」企業の代表で構成される諮問機関の意向を忖度（そんたく）し、漁業協同組合という「共」の組織に圧力をかけるような振る舞いをするとは俄（にわ）かに信じられない事態であり、真相はわかりません。しかし、大手流通資本が強力な購買力（バイイング・パワー）を駆使し、初めに「売価（小売価格）あり」の商慣行を続け、漁業者や農業者に納品価格の低減を求めているという周知の事実に目を向ければ、その拮抗力となって組合員の利益を守るための漁協や農協の共販を彼らが快く思うはずがないのは明らかでしょう。この30年、日本の農林水産業に従事する人たちの所得は伸び悩み、持ち出し構造に置かれています。それは消費者も同様で欧米各国の勤労所得が向上するなか、その流れに日本だけが大きく取り残されました。この結果、多くの消費者が「少しでも価格の安いもの」を求める購買行動が定着し、大手流通資本による「値下げ圧力」を無意識に支持する流れを生み、魚価や農作物の価格低迷と漁業と農業の「持続可能性」を脅かす状況が生まれています。

必要なのは「共」の力をコアとする「ローカル自給圏」

そうしたなか、2021年に世界は新型コロナウイルスのパンデミック（爆発的感染拡大）に見舞われ、グローバル経済を支えてきたサプライチェーン（供給網）が寸断されました。国民が摂取する一日当たりの食料の６割以上を輸入に頼る日本が食料危機に陥る危険性が高まったのはいうまでもありません。さらに2022年２月24日にはロシアが隣国ウクライナに軍事侵攻しました。各国が新型コロナの感染拡大による後遺症からの回復基調に向かう過程であったことから需要が高まり、原油や天然ガスなど化石燃料の価格が上昇します。これにロシアの軍事侵攻に起因する穀物相場の高騰が追い討ちをかけました。ほぼ100パーセントを輸入に頼るエネルギーと６割以上を輸入に依存してきた日本の食料価格が上昇したのは当然といえます。それは生産コストの倍増となって、いまも漁業者と農業者を苦しめ続けています。

環境に配慮した漁業から生まれるワカメの水揚げ

もはや頼みの綱の輸入がままならず、資金力にものを言わせた買い付けもできない「買い負け」が常態化している現実を広く伝え、直面する危機的状況をどうすれば回避できるかをともに考えていくための一助にしたいとの願いを込めて、私は『農業消滅』(平凡社新書)と『世界で最初に飢えるのは日本』(講談社+アルファ新書)を上梓しました。この２冊を書き終え、思いを一層強くしたのは私たちの購買行動が変わることが大きく問われているのではないかということです。たとえばイタリアでは「スローフード志向」が人びとの暮らしに深く浸透していて、地元で採れた農作物や近隣の前浜で獲れた魚介類を扱っている販売店を利用し、料理素材に使っている店を選んで外食を楽しもうという習慣が当たり前になっています。まさしく「ローカル自給圏」(農業ジャーナリストの小谷あゆみさんの表現)といえる暮らしがあるのです。同様の購買行動を日本にも根付かせたいものです。その核（コア）になり得るのが「共」の力、すなわち協同組合ではないかと私は思っています。

こうした一連の問題意識と持続可能な漁業を続けていくための仮説を胸に、私は漁業の現場に身を置く人びとを訪ね意見交換を重ねてみようと思いました。最初にお目にかかったのが宮城県石巻市十三浜の漁業者で、元十三浜漁協の組合長の佐藤清吾さんです。2011年の東日本大震災の直後に政府が導入を決めた「水産特区制度」への率直な思いを伺いました。さらに石巻市の宮城県漁協志津川支所を訪ね、東日本大震災で壊滅的な被害を受けた志津川湾でのカキ養殖を共同体による自治の力で再興し、海洋環境に沿った「持続可能な養殖漁業」を導入したカキ養殖部会長の後藤清広さんと、そのカキを地産地費の心意気で仕入れる阿部寿一さんの復興体験に耳を傾ける機会を得ました。私の実家に程近い三重県鳥羽市の鳥羽磯部漁協では組合長の永富洋一さんに魚価低迷の背景に潜む問題について意見を交わし、福岡県宗像市宗像漁業鐘崎本所では巻き網漁とトラフグの一本釣り漁を生業とする権田幸祐さんに沿岸漁業の現状と改定漁業法の影響について意見を聞きました。

どなたも素晴らしい志を持ち、現場を共有する漁業者の生活を守っていくために、自分が先頭に立ってできることをやろうという強い思いを抱いておられることに感銘し、深く共感しました。こういう人たちがいてくれる。これが日本の漁業を持続可能なものにしていく「希望」なのだと励まされた気がします。そうしたなか、私が持っていき場のない悲しみと激しい喪失感に包まれたのは、2021年の12月でした。日本の水産業の現状と今後を憂える私の良き師であり、かけがえのない伴走者であり続けてくれた佐藤力生さんが急逝されたのです。

新型コロナ禍の影響を聞く筆者（左）

佐藤さんは水産庁の元幹部職員でありながら、水産行政に対して主張すべきところは堂々と意見を述べ、退官後は自ら一人の漁業者として生きながら、鳥羽磯部漁協の監査役として、ときには厳しい注文を付ける人でした。何より現場の漁業者の暮らしを大切にし、日本の漁業の未来を何としても守りたいという気概にあふれ、まさに「命がけ」で沿岸漁業振興に取り組んだというに相応しい人生を送られました。

その思想の深さと勉強量の豊かさ、論理構成の妙には常に感嘆させられたものです。そんななくてはならない人が亡くなってしまったと思うと実に寂しく残念でなりません。佐藤さんとの付き合いは環太平洋パートナーシップ協定（TPP）反対を私が一貫して主張したことが縁となって始まりました。「当初は反対を唱えていた人々が相次いで賛成に寝返るなか、鈴木宣弘だけは違った」と自身のブログに書いてくれたのです。もはや佐藤さんの肉声に触れる機会がないのかと思うと無念でなりません。それでも、この寂しさと心細さを力に変えていかなければならないと自分を鼓舞しています。その決意表明として当ブックレットを亡き佐藤力生さんに贈りたいと思います。どうか、これからも見守っていてくださいの気持ちを込めて。

1．宮城県石巻市
佐藤清吾さんと漁業法改定の問題点を探る

都道府県知事が漁業協同組合（漁協）に優先的に付与してきた水産物の採捕に養殖、定置網漁などの行使権である「漁業権」を民間企業にも与える「水産特区制度」の導入を宮城県と復興庁が容認したのは2013年４月でした。その後、仙台市に本社を置く企業が石巻市でカキ養殖に名乗りを上げましたが、漁業者の「自治」に立脚した操業ルールの形骸化など、現在も多くの課題が指摘されています。さらに2018年に政府は「漁業の成長産業化」を標榜し、漁業法の改訂に着手しました（2020年12月改定法施行）。これら一連の動きから見えてくる問題点と法改定の真の狙いについて、宮城県石巻市の漁業者で元十三浜漁協組合長の佐藤清吾さんと意見を交わしました。

佐藤清吾さん。82 歳になった現在も女川原発反対運動を担う

2025年に中国と韓国からノリ43億枚が輸入される

佐藤　私は宮城県北上町十三浜（現・石巻市）の漁業者です。1988年に漁協の理事になり、2010年に引退したのですが、翌年に東日本大震災です。あの大津波で連れ合いと孫を同時に亡くし、ひとり暮らしになったこともあり、仙台市近郊で暮らす息子夫婦を頼って、余生を送ろうと思っていました。すると漁協の組合員が毎晩のように訪ねてきては「十三浜の復興に手をかしてほしい」と懇願され、支所長として「漁業復興」に取り組むことになったのです。その仕事にようやく目途がついたので引退を申し出て、2019年から年金暮らしをしています。とはいえ、十三浜は女川原発に近いですから安閑としてばかりもいられません。震災前から続けてきた反対運動をやめるわけにはいかないのです。あの震災で福島原発がとんでもない重大事故を起こしたにもかかわらず、政府や官僚の姿勢は旧態依然のまま。だから、現在も忙しく動き回っています。

鈴木　奥さんとお孫さんを亡くされた悲しみのさなかに、地元の漁業再建に全力で取り組まれ、いまも海を守るための反原発運動に奔走されておられるとのこと、心から敬意を表します。実は私も漁業者の端くれです。生まれは三重県の志摩市で、英虞（あご）湾のいちばん奥にある実家も、やはり半農半漁の暮らしを営んでいました。私はひとり息子ということもあり、幼いときから田植え、稲刈り、畑をおこして野菜を植えるのを手伝いました。海の仕事は真珠にカキ、ノリの養殖。とりわけ冬場に収穫期を迎えるノリの仕事は実にきつかったですね。当時はまだ機械化されていませんから、網を張って手で摘む。それを天日干しして袋詰めするという一連の仕事を手伝いました。そういうわけでまだ親類縁者はノリ養殖を続けています。

　そのノリ養殖が自由貿易の影響をもろに受け、大変な事態に直面しています。国産のノリは現在80億枚くらい流通していますが、輸入枠の拡大を求められた政府は2025年には韓国産27億枚、中国産16億枚、韓国産と中国産とを併せて43億枚に増やす約束をしてしまっているのです。

佐藤　相も変わらず政府は国内の農林水産業を軽んじ、国民の生命の糧である「食料」の国内自給に真剣に取り組もうとしないわけですね。特に安倍政権（対談時）のやりかたはひどい。とにかく大企業の利益最優先にしか見えません。

鈴木　今回（対談時）の日米貿易交渉でも対米輸出品の４割を占める自動車業界の利益確保を政府は最優先しています。理由は経済産業省（経産省）の官僚の天下り先の確保につながるからです。首相官邸をコントロールしているのも経産省で、現政権には「経産省政権」の呼び名まであるくらいです。

佐藤　農林水産省（農水省）を解体する話まであるそうですね。

鈴木　ええ。もはや農水省は不要、経産省に吸収すればいいという流れは強まるばかりです。「国民の生命、自然環境、コミュニティ、資源、国土」を守っている重要な産業が農林水産業であると私は考えていますが、経産省は「農林水産業を特別なものと考えるほうがおかしい」とにべもありません。産業の評価はいかに多くの金銭的利益を生むかによって決まるといってはばからないのです。

　漁業法改定も同じ視点に立つものだと私は見ています。たとえば個人漁業者がどんなに頑張ってノリを養殖しても、せいぜい1000万円にしかなりませんが、その漁場で大手企業がマグロ養殖に取り組めば３億円になるという論理です。これぞ成長産業と政府は説き、これまで漁協にだけ付与してきた漁業権を企業にも付与する道筋を「水産特区制度」でつけました。実にたちの悪い規制緩和です。私企業への利益誘導を目的に漁業者の権利が剥奪されるのであれば、憲法の定める生存権や財産権にも抵触してきます。

佐藤　その流れを水産庁はどう受け止めているのでしょうか。

鈴木　漁場利用は立体的・重複的で分割できませんから、漁協に優先的に使う権利を付与し、漁業者間で利害調整をしながら資源を共同管理してもらわないと海は守れないと主張しています。今回の法改定では魚種を特定し、その漁獲割当枠を個別の漁業経営者に配分する「Individual Quota＝IQ」制度の導入が明記され、個別漁獲割当枠の売買が可能な「Individual transferable Quota＝ITQ」制度の導入も話題に上り、漁船のトン数制限も撤廃されました。そんなことをすれば資金力のある企業が圧倒的に有利になり、家族経営の漁業者は苦境に陥り、漁村が崩壊しかねない。そう水産庁は憂慮していました。今回、水産庁が「やるべきでない」と主張し続けてきたことを一気に「すべてやる」ことになってしまったのですから、良識ある官僚やそのOBは断腸の思いではないでしょうか。実は、「水産庁内での議論がないどころか、案文もほとんどの人は知らなかった」との嘆きさえ聞こえてきます。

後継者のいる漁業者に「空いた漁場」を分配すべき

佐藤　個人漁業者にとって最も重要なのが前浜から５キロ以内の操業を行使するための沿岸漁業権です。この権利は漁業者の暮らしと直結した養殖に貝類などの採取、定置網や刺し網漁をしながら、資源が枯渇しないように海を守りながら漁をする者に保障されたものです。なぜ、沿岸漁業権を県知事が漁協に付与してきたかといえば、漁業者個々人の抱えた事情や地域の現状を把握し、民主的な運営ができるのは漁協しかないという認識があるからです。ところが、宮城県知事は漁業

関係者の強い反対をよそに、安倍政権の「水産特区制度」を利用し、沿岸漁業権を民間企業に付与しました。おまけにそれを震災後の混乱に乗じて実行したのですから、腹立たしいかぎりです。

鈴木　今回の漁業法改定は、震災時の宮城の「火事場泥棒」的な水産特区の全国展開ともいえますね。漁業権の付与条件は「(漁場を) 適切かつ有効に活用している者」とされています。しかし、政府の狙いは「企業の利益拡大」にあるわけですから、「適切かつ有効に活用している」という語句の意味を「多くの稼ぎをあげられる」として、個人と企業のどちらが適切かつ有効か、「やはり企業のほうが適切かつ有効な活用をしている」と曲解されてしまう恐れが十分あります。

佐藤　私たちも企業の漁業参入を全否定しているわけではありません。現に漁協の法人組合員になって漁業権を保有している地元企業は数多くあります。この現状のどこに問題があるかを示さないまま、漁協に優先的に付与されてきた漁業権の企業開放を急ぐ理由がわかりません。むしろ、後継者のいる漁業者に空いた漁場を積極的に割り当て、操業可能な海面を増やしていくなどの施策が切に求められていると私は考えています。昭和初期の船は手こぎでしたから、岸から3キロから5キロまでの海域が漁業権設定海域と定められてきました。しかし、いまは動力船が当たり前。それなのに漁業権設定海域は広がっていません。政府も財界も漁業衰退の要因は漁業者の怠慢にあるといいますが、むしろ問題なのは政府主導の水産物輸入の野放図な拡大ですよ。同時に日本の食文化が大きく変わり、魚を食べる人が減ってきた影響もあります。

鈴木　農産物の関税率は平均12パーセントくらいですが、水産物は4パーセントしかありません。そこに安価な輸入品の直撃を受け、低価格競争を強いられるわけですから、漁業者はたまりません。それでも懸命に海を守っている人たちに漁業衰退の責任を押しつけるとはとんでもない話です。これまであまり調べられていないようなので、私たちが農業者と漁業者の所得に占める補助金率を調べたところ、農業が30パーセントで、漁業は14.8パーセントでした。輸入品との競争で、水産物価格が低迷しているのであれば、差額を補填するという諸外国と同様の個別所得補償制度を採用すべきと私は主張しています。

佐藤　魚価の低迷に加えて深刻なのが、海洋環境の変化による資源枯渇です。先頃、岩手県釜石市の漁業者と交流してきたのですが、「ホタテ養殖が不可能になった」と嘆いていました。暖流の支配が続き、寒流が南下してこない。サケも南下しませんから、2019年の初水揚げは前年の10分の1まで落ち込みました。サケの水揚げ減少は、年々深刻になるばかりです。

鈴木　日本の食文化が変わり、魚を食べる人が減ってきたのだから魚価低迷は仕方ないという意見も耳にしますが、それを主導したのは米国です。「日本人は米国産の余った麦と大豆とトウモロコシを食え」とね。「コメを食べるとばかになる」と宣伝したのも米国です。米国は日本の食生活を徹底的に変え「肉を食え」と巧妙に誘導した。コメに魚といった伝統的な食文化が衰退したのは米国の無理強いの結果でもあります。その米国には服従し、企業の利益追求を最優先する現政権の農林水産業に対する政策は、国民の生活基盤を揺るがし、健康で文化的な暮らしを保障する憲法の精神をないがしろにするばかりか、国民の共有財産を消失させかねないものだと思います。

さとう・せいご
1941年生まれ。宮城県石巻市十三浜在住。十三浜漁協組合長を経て宮城県漁協十三浜支所長。2009年に漁協役員を退任するも、2011年３月11日の東日本大震災を機に地元漁業の復興を目指して現役復帰。女川原発の立地反対運動に取り組み、現在も再稼働反対運動に精力的に参加する。

2．福岡県宗像市
権田幸祐さんと沿岸漁業の「いま」に迫る

2020年12月１日、70年ぶりに改定された漁業法が施行されました。改定法は資源の最大持続的生産量（MSY）理論に基づき、個々の漁船ごとに特定魚種の漁獲量を制限する個別漁獲割当量（IQ）制度を義務化し、将来的には譲渡可能個人漁獲割当（ITQ）制度の導入も視野に入れたものとする専門家の意見もあります。企業への漁業権開放のハードルがより低くなったとも解釈できる条文変更も進められ、沿岸漁業権の一つである養殖業への企業参入が促進される可能性が出てきました。いずれも強い資本力を背景に事業を遂行する企業に有利な内容といえそうです。漁船の大きさ制限が緩和されたのも気になります。今回の法改定に揺さぶられる沿岸漁業者の「いま」を福岡県宗像市の巻き網船機関長の権田幸祐さんと追いました。

科学的資源管理と漁船別漁獲割当制がゆがみを

鈴木　2020年12月に施行された改定漁業法は漁船別に漁獲量を割り当てるIQ制度を義務化しました。水産資源の減少枯渇を防ぐための有効な対策であり、資源の最大持続的生産量（MSY）に基づく科学的管理手法とされています。資源管理の重要性は私も十分承知していますが、こうした科学的管理手法が必ずしも有効かといえばそうとも言い切れないのは、サンマの減少は考えられないとした過去の資源分布予測の結果を見ても明らかです。船舶のトン数規制がなくなれば資本力のある企業は大型船の保有数を増やし、多くの漁獲割り当てを得られます。これを「対等な競争条件」といえるかが問われますし、そんなことがまかり通れば、これまで漁協を中心に漁業者同士が互いの事情を考慮しあって維持してきた「共同体自治」による操業ルールや資源管理がゆがめられる恐れが高まるのではないかと私は危ぶんでいます。

権田　水産資源の管理は私たちにとって死活問題ですから、IQ制度の運用については多くの漁業者が強い関心を向けています。ただ、具体的な中身が現時点（2021年９月）では見えてきません。漁協で対策を協議しているところです。ご指摘があった「共同体自治」に基づく資源管理については、私たちも船の大きさやエンジンの出力を自主規制し、漁網の目を大きくして出漁回数を少なくするといったインプットコントロール（入口調整）に取り組んできました。凪（なぎ）が続けば漁業者は当たり前のように沖に出ますから、操業する船の数は増えます。そのとき、豊漁になれば市場に魚があふれ、どうしても単価が下がってしまいます。だから当然のように船頭が無線で連絡を取り合い、操業時のインプットコントロールに努めます。沖に出ている船

漁業歴22年。海洋汚染問題の解決にも尽力する権田幸祐さん

の船頭のだれかが自然と「どうだろうか」と切り出し、「そうやな。じゃあ、ここでやめておくか」皆で漁を中止して帰港します。船の大きさ、網の目の大きさ、エンジンの出力などにも自主的に制限をかけ、皆で決めたルールに従って漁をしているわけです。

鈴木　自主的にあうんの呼吸で「資源管理」ができるようになっているのはすごいことですね。

権田　私たちの巻き網船団が漁に出ないとなれば、同じ鐘崎港所属の他の船団はもちろん、近隣の大島や小呂島の船団にも連絡が回り、彼らも出漁を見合わせます。そういう連携を昔からとっています。他にもおもしろい「もやい操業」と呼ばれる仕組みもあります。「もやい」とは土地の言葉で協力し合うという意味で、個人所有の漁船同士が獲った魚を共有し、売り上げが各船同じになるように分配します。私たちは県知事認可の沿岸漁業権を行使しています。沿岸漁業といえば、文字通り陸地に近いところで操業すると思われがちですが、結構沖合まで船を出します。操業海域の幅（横軸）は決まっていて、長崎県との境まで。ただし、沖（縦軸）については、排他的経済水域（EEZ）までは出向きますから、必然的に大型巻き網船団などと競合になります。

鈴木　そうなると、沿岸漁業者が自発的に共同体の自治に従い、漁獲量を抑えても場合によってはせっかくの資源管理が功を奏さないケースが出てきませんか。その責任を中小家族経営の漁業者に負わせる漁業法改定でいいのかと私は疑問に感じています。もうひとつ気になるのが漁獲割り当て量（IQ）を売買できる仕組みのITQ制度を導入しようとする動きです。これが現実になれば、やはり資本力の強い者が証券化された漁業権を買い集める可能性が高まります。さらにその先に「漁業権取引市場」が立ち上げられ、もはや漁業や資源管理はそっちのけで漁業権が巨額のマネーを得るための売買の対象と化してしまう恐れもあります。最悪の場合、たとえ漁業ができなくなっても原子力発電や海上風力発電、軍事基地などに転用するための売り買いは可能でしょうから、危ない動きだと不安に駆られます。

権田　現時点（2021年）ではITQについては積極的な議論はなされていないのが実状です。問題はIQ。農林水産大臣認可の大型巻き網船や沖合底引き船は魚群を追って漁ができますが、私たち中小経営の船団は漁業権が及ぶ範囲の海域に魚が来なければ漁ができません。そのエリアに魚が来てはじめてできる「待ち」が主体の操業です。流しそうめんに例えたら、上流にトングを持つ人がいて、彼らの取り残しを待つしかないという感じでしょうか。ですから、たとえ漁獲枠に余裕があっても思うようにはならない操業形態といえますし、今回の法改定で大型巻き網との差が一段と開くことになれば厳しさが増すばかりというほかありません。

大手資本に好都合な法改定　協同組合つぶしの側面も

鈴木　そうです。すでに事態は好ましくない方向に向かっていると考える必要があると思います。今回の改訂で漁船のトン数制限が撤廃されました。さらにITQが導入されれば、大手資本が所有する船をさらに大型化し、競ってIQを買い求め、漁獲枠が独占されていくことになりかねないことを漁業者は肝に銘じたほうがいいでしょう。このままでは全国各地の漁業コミュニティが確実に大きなダメージを受けてしまいます。同時に進められようとしているのが漁協の共同販売制度（共販）つぶしともとれる動きです。漁業者が自ら出資し、経営にも参加する事業をフルに利用することが、漁業者自身の利益になり、持続的な漁業経営を支えることにつながる仕組みが大きく揺さぶられようとしています。

共販は水産物に対する廉売（ダンピング）圧力から組合員である漁業者を守る防波堤の役割を担っています。こうした点を鑑みて、協同組合の共販制度は世界的にも独占禁止法の「適用除外」とされてきました。むろん、農協の共販も同じです。

鈴木宣弘さん（左）権田幸祐さん（右）

ところが、安倍政権以降、共販制度も独禁法の適用対象とする動きが強まっています。このままでは大手流通資本の影響力が強まる一方でしょう。初めに「売価（小売価格）ありき」。漁業者や農業者の暮らしは度外視する傾向に拍車がかかる恐れが強い。現在、権田さんたちの出荷した魚の値段に占める漁業者手取りの割合はどれくらいですか。

権田　３割までいきません。全国の沿岸漁業者の平均所得は200万円を割る水準でしょう。ただ、ここ鐘崎はみなが同じ職業、同じ地域で同じ環境で暮らしている漁村です。コミュニティができていますから、お金がなくても生きていける。そこが漁師の強さで、自分と家族の食べるものには事欠きません。そもそも余分な食費はかからないし、魚がお金というか交換ツールになる。近所の居酒屋に魚を持参すれば、お金は不要という関係が構築されてもいます。知り合いの農家もいっぱいいます。魚を持っていけばコメと交換してくれますし、実際暮らしは豊かだと思います。とはいえ、20年漁師をしてきて、どうしてもぶち当たる壁は子どもの養育と教育にまつわるお金の問題です。それを理由に漁師を辞めて他の職を選ぶという人が増えてきました。私たちの世代の多くが選択しているのは共働きですが、最近は離婚率も高くなってきています。

ブリ１キロに10キロのサバ。ゲノム編集魚種も投入か

鈴木　貿易自由化で水産物の関税率が4.1パーセントまで下がり、輸入水産物が大量に出回るようになりました。しかも自社の利益をまず確保した流通資本から、より廉価での納入を求められる構造が定着しているようです。この結果、漁業者が減り続ければ持続可能性も何もなくなりますよ。だから、そこを考えて漁業者と消費者が共存可能な「ちょうどいい値段」にしなければいけないのです。

権田　設備投資の問題も大きいです。船のエンジンも10年周期で交換が必要。その費用が2600万円ほどかかり、資金は漁協の融資が頼りです。魚価低迷に燃油高騰では、返済が重くのしかかるのはいうまでもありません。

鈴木　水産業に対する政府の補助金割合は15パーセント程度。農業は30パーセントですが、それでも世界的には一番少ないのが実状です。水産業は関税もほとんどないに等しい環境に置かれています。このまま経営が窮迫すれば漁業の現場から退場する沿岸漁業者が増えますよ。彼らが廃業したら、そこに漁業権を取得した企業の養殖事業が入ってくるはずです。

権田　全部が全部というわけではありませんが、かなりの勢いで企業経営のブリ養殖が増えてきました。その結果、天然のブリが過剰在庫になって余りまくっています。養殖のブリは脂が乗っているうえに安定供給が可能です。だから養殖ものは動くのです。スーパーも値段がつけやすく、ロットもそろうので引きが強い。おまけに海外需要もあります。ただし天然はまったくだめ。価格は下落傾向です。問題は養殖ブリのエサ。何を食べさせますかという話です。大型巻き網漁をしながら、ブリ養殖もしている漁業者は自前でエサを調達します。成長して脂が乗る前の細いサバなどをごっそり漁獲するわけです。日本の

海が痩せてきた責任の一端は養殖にある気がしています。ブリを１キロ太らせるのに10キロのサバが必要ですから、おそらく養殖魚の方が人間より魚を食べていることになるでしょう。

鈴木　養殖にはゲノム編集による遺伝子操作から生み出された魚種が使われる可能性が高いという問題も指摘されています。そんな魚が何らかの理由で養殖施設から出て、自然界に入って交雑したら大変なことになるはずですが、この点について開発した研究者が「すぐ死にます。短命だから大丈夫」と発言したそうです。そんなにすぐ死ぬような魚を食べて大丈夫なのかという素朴な疑問と違和感を覚えませんか。しかも、大型巻き網船が根こそぎ獲った魚が養殖のエサになっているとは、大いに考えさせられます。

自ら資源を浪費し、天然資源が減ったから養殖だと自ら大規模養殖を推し進め、獲った魚をエサとして食べさせているとしたら、なんとも破滅的なサイクルではないですか。権田さんたちの「もやい操業」のように世界的に評価される共同体的資源管理に取り組んでいる沿岸漁業者が資源減少の責任を押し付けられ、ITQと船のトン数制限撤廃、大規模養殖で、資源を浪費させている当事者が焼け太ろうとしているように見えなくもありません。かつて西日本新聞に掲載された権田さんの手記にあった「常に海と相談し漁獲のあり方を見直すことができる漁師と、それを支持し、買い支える消費者がいることが日本の魚食文化を守っていく条件」という言葉に私は感銘を受けました。漁師が海にも魚にも優しい漁業に懸命に取り組んでいるのに、流通業界が「売価ありき」で買いたたくのであれば、その努力は水泡に帰します。どんなに努力しても漁家の所得は上がらず、これではなりわいが持続できません。この点を流通・小売業界、消費者は考えてほしいと思います。

魚の水揚げ風景、かつての「大衆魚」は「高級魚」に

ごんだ・こうすけ

1984年生まれ、高校に進学するも卒業を待たずして、17歳で漁師の道を選ぶ。福岡県宗像市鐘崎地区で先祖代々続いてきた漁師の家系の長男で漁師歴は20年を超える。漁業を取り巻く状況が年々厳しさを増すなか、現状を少しずつでも改善する活動に漁師仲間と取り組み、「出来ることを精一杯やる」をモットーに持続可能な漁業のあり方を模索する。2021年に一般社団法人「シーソンズ」の設立に参加。代表理事としてプラスチックによる環境汚染問題の解決に向け試行錯誤を重ねている。

３．若手漁師の「ホンネ」を聴く
福岡県宗像市宗像漁協鐘崎本所　権田幸祐さん

漁師になって20年。働く妻の支えあっての暮らし

福岡県宗像市鐘崎の先祖代々続いてきた漁師の家系の長男に生まれ、自分自身も漁師になる道を選びました。鐘崎は古くから栄えた漁業の町で、沿岸漁業を中心とする漁港です。現在、私は６つの漁港が合併して設立された宗像漁業協同組合に所属し、その６漁港のなかで組合員数が約240人と最も多い鐘崎漁港で漁業にいそしんでいます。

夏場は「巻き網漁」、冬場は「延縄（はえなわ）漁」の船に乗り組み、生活の糧を得ています。主な漁場は玄界灘で、巻き網ではアジやサバ、延縄ではトラフグを中心に水揚げしています。鐘崎の浜の漁師の間で

鐘崎の由来となった沈没船の釣鐘を1919年に引き上げると巨石であった。巨石は地元の織幡神社参道に安置されている

はまだまだ「若手」と呼ばれていますが、漁師になってからかれこれ20年が過ぎました。どうにかこうにか漁師として生きることができ、結婚して２人の子どもを授かりました。その上でまだ好きな漁師を続けられているのは、保育士として家計の半分以上を支えてくれている妻の存在がとても大きいと思っています。

鐘崎は後継者率の高い漁村としてマスメディアに取り上げられることが多く、巻き網船団を中心に毎年10人くらい新規就労者を受け入れています。しかし、私のように家業を継いで漁師になる地元の若者は、私自身が初めて漁に出るようになった20年前に比べると年々減ってきており、自分と同世代の地元漁師は数えるほどになりました。鐘崎で先祖代々漁を営んできた家系の子どもたちは漁業の衰退が漁村の衰退にも直結するという沿岸漁業の側面を一番肌身で感じている分、漁業以外の職業を選択するケースが多いのが現実なのです。

私も家業を継ぐのが当たり前という空気のなかに身を置いていましたが、「これからの漁業は本当に大変だから、たくさん勉強して漁師以外のこともできる大人になりなさい」と周囲から言われていました。それは古い時代から継承されてきた習わしや伝統の存続が難しくなるなか、いまの姿のままで漁業が継続されていくのは困難だと切実に考えられるようになったことを意味していると思います。

「陸（おか）あがり」の要因は不安定な所得に

私は子どもの頃から漁村の暮らしが本当に大好きでした。父が獲ってきた魚が食卓に並び、それを家族皆で囲む時間はとても幸せで、父の誇らしさを一緒にかみ締めながら食べるご飯は格別でした。「お裾分け」として近所の農家に魚を持っていけば、先方が喜ぶ顔を身近で見ることもでき、農家からは「お返し」にと作物をもらうようなことも多く、毎日の「食」には困らないどころか、とてもぜいたくな思いをさせてもらっていました。周囲には遊び仲間の子どもも多く、親が諸用で不在のときは近所に世話になるなど、地域全体で食事の世話や子育てを分担しあう漁村の暮らしは、地域の皆が幸せに暮らせる良い仕組みで「お互いさま」の文化が生きていました。こうした漁村の暮らしも漁師という仕事に魅力を感じた理由の一つです。

しかし、長年一緒に誇りを持って漁師を続けてきた仲間が結婚を機に漁師をやめて「陸（おか）あがり」するようになってきました。家族で暮らしていくため、生きていくための安定収入の維持という問題が重くのしかかり、別の人生の選択を迫るのだと切実に受け止めています。低迷する魚価と就労所得不足、気候変動に海洋汚染問題、原因不明の資源枯渇など漁業を取り巻く問題はどれも深刻です。自分の将来を少しでも考えるのであれば、若い世代ほど「漁業から早く足を洗った方が良い」と考えてしまうのは当然かもしれません。

それでも私が漁業で生きていきたいと思えるのは、目標となる先輩漁師が身近にいてくれるからです。人一倍漁が上手な人、魚の鮮度管理に見事な手腕を発揮する人、原料調達から加工までの６次産業化にチャレンジし、成功している人もいます。このように皆の目標となり、自分もがんばろうというモチベーションを与えてくれる存在に支えられています。しかし、着実に漁業は衰退しているのは残念ながら事実で、漁師になってからの20年間、本当に魚価は上がるどころか下がり続けています。

薄れゆく「獲る者、売る者、買う者」の「共存関係」

とかく「安さ」だけが求められがちな世の中ですが、私たち漁業者がどんなにコストカットに努めてもいかんともできないことが多々あ

ります。燃油代や漁具などの価格上昇分を魚価に反映できなければ漁業者の収入は目減りし、漁業の継続は困難になっていくばかりです。この厳しさを漁村に息づく「助け合いの精神」と「お互いさま」の文化の力で補い乗り越えながら、私たちは漁師として生きることを断念せずに済みました。沿岸漁業の衰退を漁村という共同体の力で何とか食い止めてきたわけですが、それも困難になりつつあります。私が暮らす鐘崎のみならず、日本各地の漁村の存続が難しくなれば、津々浦々の文化や伝統、そこに暮らす人々の日常から生まれた旬の特産品や伝統料理という各地の食文化や地元に対する誇りがボロボロと崩れ去ってしまう恐れもあります。

周囲を海に囲まれた日本では、もともと漁業と人の暮らしは不即不離の関係にあります。魚を獲る者、運んで売る者、買う者など漁業に関わるいろいろな立場の人々が互いに幸せに暮らせる仕組みを編み出し、気が遠くなるくらい長期にわたって漁業とともに生きてきたのです。現在はどうでしょう。魚を獲る者、売る者、買う者の関係は「共存関係」と呼ぶにはほど遠いものになってしまいました。まさに日本の沿岸漁業は危機的状況に置かれているといえるのではないかと感じています。

4．宮城県南三陸町 後藤清広さんと「共同体管理型漁業」の真価を考える

2011年３月11日の東日本大震災の大津波に見舞われるまで、宮城県南三陸町の志津川湾には「過密状態」と称されるほどにカキ養殖筏（いかだ）がひしめいていたといいます。そのすべてが大震災の大津波で押し流され、漁業再建は絶望視されました。当時、宮城県漁協志津川支所戸倉出張所のカキ養殖部会長に思いがけなくも選出された後藤清広さんは、地域の漁業復興にかける漁業者同士の徹底した膝詰め談判を通し、漁業者自身が主体となって自然の摂理に沿ったカキ養殖を形にしました。その道のりは決して平たんなものではありません。漁業者全員の合意が得られるまで話し合いを重ね、カキの海中投入量を自主的に削減する「共同体管理型漁業」への道を開き、持続可能な

後藤清広さん。自然の摂理に合わせたカキ養殖に取り組む

養殖漁業であることを保証する「ASC認証」の取得も実現したのです。こうして震災前には「身がやせて小ぶり」と市場評判が芳しくなかった志津川のカキは、正反対の評価を得るに至っています。まさに漁協を中心とする漁業者同士による「共同体管理型漁業」の真価といえるでしょう。その歩みをカキ養殖漁業者の後藤清広さんと後藤さんの育てたカキの仕入れ販売を手掛ける阿部寿一さんに聞きました。

東日本大震災からの復興を「資源管理型漁業」の力で

後藤　初めまして。宮城県の南三陸町でカキ養殖をしている後藤です。実は10年前の東日本大震災を機に、もう漁師はやめようかと思ったくらいでした。それが大勢の皆さんの力添えもあって何とか漁業を続けることができています。私は若いときに７年くらい機械メーカーで働いた経験があり、トヨタの看板方式のまねごとをしてみるなど日本の製造業のノウハウを勉強させてもらう機会に恵まれました。しかし、いざ漁業の世界に入ったときには友だちは皆一丁前の漁師になっていたのに、私だけはゼロからのスタートになってしまったのです。これで本当に大丈夫かと悩みもしましたが、いまになって考えれば、そんな回り道をした体験が生きたと心底思っています。あの経験があったから、震災後の前浜復旧と復興に知恵を絞り、独自の工夫ができたかなと思えるようになりました。

被災したのは50歳になる年で、戸倉出張所のカキ漁師として若いほうでした。それでたまたまカキ部会長を引き受けてくれということになって……。何度も丁重にお断りしたのですが、とにかく頼むと言われて。そのとき、どうせ引き受けるなら震災前の過密養殖と決別し、資源管理型漁業への抜本的な転換を図ろうと腹を決めました。それには国際的な団体が勧めている「持続可能な養殖漁業」であることを保証する「ASC認証」が取得できないかと考えたのです。

バブル経済に沸いた1980年代半ば、周囲を海に囲まれた強みもあり、日本の水産業は年間1200万トンの漁獲量を誇っていました。いまも潜在的な可能性は高いに違いないと思うのですが、漁獲量は当時の３分の１の水準まで落ちています。この背景には産卵のために帰ってくる魚を根こそぎとってしまうばかりか、稚魚も全部とってしまうという漁業の仕方の問題もあるのではないでしょうか。その結果、多くの漁業者が思うように魚が獲れないという問題に直面し、獲れないから売るものがない状況に陥っている。後継者難と高齢化も痛いですね。

鈴木　輸入の自由化もかなり進んで、水産物の関税は平均で4.1パーセントに過ぎません。農産物の関税は平均11.7パーセントと世界的に低い方ですが、漁業の場合は、農産物の半分以下。こうして貿易自由化が急速に進み、取引価格が下がったのです。そのあおりで漁業者所得が減り、廃業する漁業者が増え、漁獲量が減少するという悪循環が続いています。輸入品が大量流入することで価格引き下げ圧力が働き、日本の漁業者がとった魚でなくても輸入品があればいいし、おまけに安いのなら問題ないという消費選択が一般化されます。こうしたなか、海外では魚食への関心が高まり、水産物の争奪状態が生まれていますから、日本は安くなど買えなくなるばかりか、買えない、つまり買い負ける可能性が高い。むしろ、これからは買い負けがどんどん当たり前になってくるでしょう。

私の研究室では世界の食生活変化の分析に取り組みました。とりわけ中国の消費者の皆さんが魚を食べる勢いがすごいのがはっきりと見てとれました。メインだった川魚に加え、中国の人たちが海魚を消費するようになり、牛肉や豚肉よりも水産物需要が激増しています。たとえ中国に買い負けても他国から輸入できると安閑としている場合ではありません。やはり、水産物の自給率を高めるのが肝心なのです。日本漁業に踏ん張ってもらって、消費者も国産を大事にしないといけません。日本の漁業者と消費者が一緒に考えてほしい。漁業者には、まさに無理をせずに魚にも優しく海にも優しく、人にも優しい漁業に取り組んでもらいたいのです。

そうして獲れた魚を消費者が生産コストを考慮した適正価格で購入するようになれば、長期的、総合的に見て、利益も上がるし、環境も守れ、若い人も興味持ってやってくれるようになるのではないかと私は常々考えてきました。後藤さんたち戸倉出張所のカキ養殖部会の取り組みは、その典型であり、この仕組みをまとめ上げた地元の漁業者の皆さんに心から敬意を表したいです。後藤さんたちの自主的な「共同体による資源管理型漁業」を地元の支援者の一人として阿部さんはどうご覧になってきましたか。

阿部寿一さん。地元産魚介類の仕入れ販売を手掛ける（撮影・高木あつ子）

阿部　私は南三陸町でカキの仲買人をしています。後藤さんたちが育ててくれたカキを買い上げ、販売するのが仕事で後藤さんとは震災前からのお付き合いです。とにかく、あの震災は大打撃でした。本当に前浜のカキ養殖がゼロになってしまったのです。復旧復興をめぐってもさまざまなもめ事がありました。前浜の漁業権の割り当てをめぐり、なかなか調整がうまくいかなかったのです。そんな漁業者間のいさかいが後藤さんたちの浜では顕在化せず、後藤さんを中心に前向きに動いたのには感動しました。とはいえ、戸倉のカキといえば、震災前は率直に申し上げて最低ランクでした。後藤さん、ごめんなさいね。
後藤　いやいや。確かに過密養殖がたたって、そこまで落ちてしまっていましたもの（笑）。

「共同体の合意形成力」による「自治」の強みを発揮

鈴木　宮城県漁協志津川支所戸倉出張所の取り組みが本当に素晴らしいのは、部会長としての後藤さんのリーダーシップと漁業者同士が胸襟を開いて徹底的に話し合いを重ね、そうして決めたことを守っていこうと合意したことにあるのではないでしょうか。欧州連合（EU）や米国のように、何かしら規定に基づく枠が決まっていて、それに従えというやり方ではないのが実に素晴らしい。自分たちでルールを決めようと皆で侃々諤々（かんかんがくがく）の議論をして、それで最終合意にたどり着いているという「共同体の合意形成力」が貴重な財産であり、それが欧米にはないものです。
　そう考えると、日本漁業が資源管理で欧米に後れをとったから衰退したのであり、やはり欧米型にしないといけないという上意下達の課題達成が後藤さんたち戸倉地区の漁業者の取り組みであったわけではありませんよね。それは欧米型への移行ではなく、日本漁業が持つ本来の良さの原点を体現したわけで、ここに真価があると思います。やはり自分たちでとことん議論して決めたルールだからみんなが守る力も強くなるのであって、上からの押し付けではそうはいかないでしょう。

後藤　そうですね。自分たちで決めたことであれば失敗しても納得がいきますが、誰かに押し付けられると反発してしまいがちです。リーダーシップというテーマで私を取り上げてくれるメディアもありますが、私が何か言ったとしても、次の日には「知らないよ」と平気で言われましたし、いつでも解任できるわけです。実際、部会長は１年限りで代えられるから問題ないと思われていたはずです。ところが、やらせてみたら見かけと違って強情で、倒れそうで倒れなかったに過ぎません。

　だから皆で決めようやなんです。どちらかといえば自分は不安に感

持続可能なカキ養殖が定着した志津川湾

じていることを皆に聞くのですが、その点は皆も同じ。むろん、それぞれ不安はあったでしょうが、もし資源管理型がだめで食えなかったら「そのときはそのときで、やり直せばいい」と異口同音に言ってくれました。カキの海中投下量を意識的に減らせば良くなることはわかっているのですが、成功しない場合も十分あるから不安は消せないわけです。でも、こうなりたいという思いは皆がいっしょでした。

鈴木　私の郷里の漁業者たちも年に何回も集まり、再調整しながら議論を重ね「今年は過密になっているぞ」など、いろいろ調整は昔からやっていましたね。そこを私たちが忘れかけていたかもしれないのですが、そもそも日本の漁村、漁業者の皆さんは共同体的な合意形成力を持っていて、それが今回、ここ戸倉地区で見事に発揮されたという側面があると思うのです。

実は今、デンマークから東北大学に来ている環境保全型漁業がご専門の准教授が、漁業者同士の合意形成力、協同組合的な漁業という点で「日本が一番進んでいるのではないか」と言います。とにかく欧米は国からの罰則付きのトップダウン型の指令で「これ以上とっちゃだめ」と縛りをかけますが、結局は違反者が出てくるといった問題が頻発するわけです。だから当局の取り締まりのためのコストがかさんで大変なことになってしまっていると聞きました。

重要なのは「セルフコントロール（自主管理）」ということでしょう。実は世界が一番注目しているのが日本の漁業者の共同体的合意形成力に基づく資源管理型漁業であり、その点で日本が最先端を走っているのです。人はとかく何事も日本は欧米より遅れているというイメージを抱きがちですが、本来、日本の漁村が持っていた自発的な共同体ルールによって、みんながそれをなんとか守るようにしていくという「地域自治」の力に欧米はすごく注目しているのです。

後藤　確かに多くの漁業者はやっぱり自分たちで決めたことはしっかり守ろう、ちゃんとしようという思いを持っていると感じています。ですが、だれかが違法操業をすると、どうしても追随してしまうというか、同じようにやらないと自分だけが遅れてしまうとなりがちでもあります。自分だけが取り残されるという不安があるからでしょう。戸倉にもそういう人がいたので、「なんで違法行為をするのですか」と聞いてみたら「どうせ皆がやる。だから先にやった」と言いました。「それじゃあ、いけない」と話し合ったわけですが、このように自主的に決めたルールでも、守ることに当初は抵抗があるわけです。しかし、守り出したら、ものすごく楽になって、しまいには守ることがむしろ自分たちを守ることに通じると理解してもらえました。
鈴木　判断の根拠が国の法律ではない。そこが何よりすごい。それができれば低コストで環境が守れ、利益も得られる最高の手法だという論文を発表した人がノーベル賞を受賞しています。経済学者のオストロムさんという女性です。それほど日本の漁業者の自主管理・自主運営による「共同体的資源管理ルール」はうまく機能しているのです。いろいろ改善すべき問題もあるでしょうが、自主管理に基づく共同体的なルールによる操業精神は各地に根付いていると私は信じています。

先ほど水揚げの大幅減少、輸入品の大量流入による魚価の低迷で漁業の現場を離れざるを得ない人も少なくない、水産資源の枯渇も叫ばれるようになってきたという話をしました。気候危機の影響も深刻です。だからこそ、海の状態を誰よりも知る漁業者が主体となる資源管理が求められているのではないでしょうか。ノルウェーのように企業の資源管理型漁業が一定の効果を発揮しているのは事実でしょう。しかし、繰り返しますが、ノルウェーを含め、いま欧米が最も注目しているのが漁業者自身の主体的な合議による総意に基づく共同体の自治による資源管理力です。同様の自主管理手法を取り入れた資源管理型漁業をしていきたいと彼らは考えているのです。それを後藤さんたちがカキ養殖で先見的に実践されたことになります。

改定漁業法により国家や企業が船舶ごとの漁獲量を個別に割り当てるIQ制度が義務化され、次にそれを証券化して売買可能にするITQシステムを確立するという目論見が具体化すれば、海という人類の公共財が私物化され、漁業とはまったく無縁な人、たとえばウォール街に集う投資家のような人たちの投機対象にされてしまうリスクが高まります。それはコモンズ（共有財）の恵みの「商品化」です。そんなまねだけは何としても許してはならないと私は思っています。

「共同体ルール」の裏付けとしての「ASC認証」

後藤　天然魚の場合は小さい魚が網から逃げられるような漁法をあえて選択して資源を枯渇させないようにする管理型漁業に対置される「MSC認証」制度があります。いまや最新鋭の魚群探知機なら、数センチの大きさの魚の群れまで捕捉可能になっていますから、それはとらない、あえて逃がすという選択ができるはずです。現在、日本の漁師は最盛期の20分の１しかいません。最も漁業者が多い時代には１人平均１日20キロの魚をとっていましたが、いまはその10倍くらいの水揚げがないと暮らしていけないのではないでしょうか。そうしたなか装備は格段に向上し、もはや船外機はF1並のエンジンを使うようになってきています。

阿部　漁業には最新の装備を備えた大型船を使った大資本型漁業もあれば、家族経営の沿岸漁業や中小資本による漁業もあります。ここが消費者には見えにくい点ですが、この現実が日本の魚食文化を支えています。中小零細の家族経営の漁業者が大手資本と競争させられたら

カキの生育状況をみる後藤清広さん

ひとたまりもないことだけは声を大にして言いたいです。

鈴木　そう。その恐れが高まってきているのです。今後は大資本型漁業がより漁獲量を高めていけるような法改正にならなければいいがと不安になります。懸命に海の環境を守りながら、資源管理にも自主的に努めて養殖や沿岸漁業をやってきた漁業者が生業（なりわい）からの退場を余儀なくされ、揚げ句はかつての小作人ではありませんが、大手資本に雇われて好ましくない労働条件と低賃金を強いられるという小林多喜二の描いた「蟹工船」のような世界に身を置かざるを得なくなるとしたら、とんでもない話ですよ。

阿部　おそらく巨大資本は小さな仕事には手を出さないでしょうね。規模にして100万円、200万円の取引には見向きもしないのではないですか。私たちは100万でも200万でも収入になることにはチャレンジします。それが我々のような小さな事業者の強みですし、だからこそ中小資本の漁業者との連帯も生まれるわけです。

鈴木　そうしたネットワークでの守り合いというか、互いに支え合える人たちが身近にいることが海という人類の公共財を守っていく力になっているのでしょう。にもかかわらず、何かといえば企業による効率化と言い、競争力強化には大手資本の力が不可欠と政府は説いてやみません。彼らは漁協による自主管理型漁業を「時代遅れ」と決めつけ、企業化が進んだ世界を見習えといわんばかりですが、まったくの事実誤認ですよ。日本の漁業者は欧米がやろうと思ってもできないことを実践しているのであり、それは日本の漁村が元来持っていた強みだと私は考えています。もう一つだけ申し上げておきたいことがあります。後藤さんたちの共同体的資源管理漁業が成功したのは単にASC認証を取得したからではないはずです。ASCの取得が有効なチェック機能の一つとして働いたのは紛れもないことでしょうが、はじめに認証ありきではないことが最も重要なのです。

いうまでもなく国際認証には「ビジネス」の側面が付いて回ることは否めません。農業の農業生産工程管理（GAP）もそうで、ヨーロッパが盛んに進めています。当初は「これをやらないと日本の農産物は欧州連合（EU）に輸出できません」と言われていました。そんなに厳しいことをやっているのかと思って調べてみると、EU域内でGAP認証を取得している農業者は「ゼロコンマ数パーセント」しかいないと知りました。にもかかわらず、グローバルGAP協議会は日本の農家には「取得しなさい」と言うわけです。当然、取得すれば認証費用が発生します。

農家はいろんな書類を書かねばならず、毎年認証コストを負担するわけですから、まさにすごいビジネスになっています。国際認証を取得すれば資源管理意識をしっかりと保てるという効果は是非発信し続けていただきたいです。ただし、認証のビジネス化に便乗するかのように政府が団体を設立して予算を付け、そこが官僚の天下り先になってもいます。こうした側面があることも頭の片隅に置いておく必要があると思います。

後藤さんたちの資源管理型養殖漁業は日本の漁村が本来持っている自発的な共同体のルールに基づき、皆で前に進んで行こうという力を引き出した画期的な事例でしょう。あえて繰り返しますが、はじめにASC認証ありきではなく、漁民自身の自治に基づく持続可能な資源管理型漁業が生んだ世界に誇れる最先端の漁業の裏付けがASC認証なのです。

ごとう・きよひろ

1960年生まれ。東日本大震災の直後に宮城県漁協志津川支所戸倉出張所カキ部会長に就任。前浜の漁業復旧に尽力し、資源管理型漁業への転換を推進した。同出張所の漁業者が出荷する「戸倉っこかき」は資源管理型養殖漁業から生まれた水産物であることを保証するASC認証を取得している。

あべ・じゅいち

1970年生まれ。半農半漁の家庭で生まれ育ち、家業の水産物の加工販売会社を引き継ぐ。生カキの販売が中心的事業で、宮城県内の唐桑、歌津、志津川、戸倉地区の漁業者の養殖するカキを生協や各地の小売店に発送している。

5.三重県鳥羽市
永富洋一さんと「買いたたき」「共販つぶし」に怒る

世界が新型コロナウイルスの感染拡大に激しく揺さぶられるなか、日本でも買い物や中食・外食を楽しむ人が減少し、飲食店をはじめ多くの外食・中食産業の経営が脅されました。幸いにも日本の食料生産を根底で支える農業者・漁業者は持続的な生産を維持してくれ、農畜水産物を産地から消費地に運んでくれる運輸業、食品加工業も完全にストップすることなく仕事を続けてくれました。しかし、消費構造の急激な変化は「引き取り先」のない「食」を生みます。それが大手流通資本の「買いたたき」の要因ともなり、廉価販売(ダンピング)圧力に拍車をかけているのです。

巨大なバイイング・パワー(購買力)を有する相手から個々人の食料生産者を守る「防波堤」の役目を担っているのが協同組合の共同販売(共販)です。それは組合員の利益を守る仕組みとして、世界的に独占禁止法の「適用除外」とされています。ところが、日本の大手企業トップなどで構成される政府の諮問機関である規制改革推進会議から「扱い見直し」の声が上がり、「共販崩し」の流れが形成されつつあります。依然として「買いたたき」構造が定着するなか、共販崩しに向かう動きまで起きている状況を三重県鳥羽市の鳥羽磯部漁協の永富洋一さんと見つめ直してみました。

ロット(最低取引量)と一定の大きさの魚以外「不要」

永富　日本の漁業者は約14.6万人。この人たちが日本の食料自給のみならず、領土保全の責務を担っているのです。日本の食料自給率はカロリーベースで37パーセント。これを14.5万人の漁業者と168万人の農業者で支えているという現実にもっと目を向けてもらいたいですし、漁業者と農業者は国土ならびに環境保全の担い手でもある点を忘れてもらっては困ります。そんな一次産業従事者たちが新型コロナ禍で一層厳しい経営を強いられています。このままでは先進国のなかでは恐ろしく低水準な食料自給率のさらなる低下のみならず、国土の荒廃も避けられないと危機感すら覚えます。

日本には6852の島があり、うち431島が国境に面しています。ここに漁業者がいて、魚介類を水揚げして出荷する海辺の暮らしが続いているからこそ、日本は排他的経済水域（EEZ）の広さが世界６番目の海洋国家として世界に認知され、そこから「いのち」の源となる食料を得ることもできるのです。こうしたことに目を向けてくれる人が増えてくれるといいのですが、現実はままなりません。

鈴木　依然として大手流通の力は強く、漁業者は一方的な「買いたた

14.5 万人の漁業者と 168 万人の農業者が日本の「食」を支えている。「それを忘れてほしくない」と永富洋一さんは力を込めて言う

鳥羽磯部漁協が普及に力を注ぐ「トロサワラ」

き構造」の渦中に置かれているようですね。

永富　最初に小売価格が設定されていて、逆算で原価はいくらという方式で水揚げした魚の値段が決められるという流れが固定化しつつあるのは間違いありません。おまけに買い手が望む規格の魚をしっかりと数をそろえて出さないと取り引きしてもらえませんし、小さな魚は敬遠されてしまいます。

かつて私が全国漁業協同組合連合会（全漁連）の副会長を務めたとき、国内流通最大手の会長と直接話す機会がありました。「ロット（最低取引量）を満たさない魚は扱わないとはどういうことか。小さくて規格に達しない魚は不要という姿勢も是正すべきではないか」と率直に意見させてもらったことがあります。「大きいやつは大きいなりに、小さいやつは小さいなりに販売して欲しい」と申し上げたのですが、残念ながらまったく聞く耳を持っていただけなかったようです。

鈴木　漁協の組合員は水揚げした魚介類を漁協に出荷し、それを漁協が責任を持って販売する共販制度がとられています。この仕組みは個々の漁業者が大手流通資本と直接取り引きすれば、対等な関係性が保持できなくなり、買いたたきが常態化するのを防ぐための防波堤ともいえるものです。にもかかわらず、「漁協の共販制度は独占禁止法に抵触している」と規制改革推進論者は主張し、漁業者との直接取引を幅広く認めることを政府に求めています。規制改革推進論者には大手流通資本の経営者も名を連ねています。狙いは協同組合つぶしにありというしかないでしょう。はじめに売価ありきは共販制度つぶしともいえますね。

この間、日本の漁業者の乱獲が資源量の減少枯渇を招き、魚が獲れなくなったという声を頻繁に耳にするようになりました。近年の不漁は漁業者自身が招いたものだというのです。それが漁船１隻あたりの漁獲量の枠を定めるIQ制度の導入という漁業法改定の根拠にされてしまっている感すらあります。輸入自由化や「買いたたき」で暮らしが苦しくなり、漁業者が減り、気候危機の影響で海洋環境が大きく変化したために漁獲量が減少しているのに、あたかも漁業者だけの責任にしようとしている気がしてなりません。

永富　共販を弱体化させるという点では、漁業者自身にも問題がないわけではありません。自分の意思で出資金を納めて組合員になり、立ち上げた事業を利用し運営にも参加するのが協同組合の原則ですが、その意識が希薄な漁業者もいて共販を利用しないケースも少なからず見られるようになってきました。そういう組合員には「あんたの漁協じゃないか。自分たちの漁協の事業を使わないでどうするのか」と話すのですが、一筋縄ではいきません。次に資源管理の話ですが、たとえば私たち漁業者はイワシが獲れすぎたら、漁に出るのを休みます。

それを皆で話し合って決めるのです。三重県のアワビの出荷基準は体長10.6センチ。1ミリでも足りなければ放流しています。これも漁業者が主体的に話し合って決めたことです。

このように微妙なところを調整しながらみんなで話し合ってやっているのです。国内で最も資源管理に力を入れているのは瀬戸内でしょう。日本でいちばん厳しいですよ。エンジンや網の制限まで自主的に設けています。やはり資源管理は漁師の「自治」でやらなければいけません。法律を定め、各地域の現状を度外視した上から目線の押し付けるような手法は絶対にいけませんよ。

日本の水揚げ量が減ったのは、日本人が獲る魚が減ったということです。漁業者が減れば、総漁獲量が減るのは当然でしょう。ただ、当漁協の管内の伊勢海老漁のように漁家数が半分になっても、水揚げは横ばいか右肩上がりの状態にあるものもあります。船や漁具の性能が良くなったのも事実ですが、漁家が頑張っているのは間違いありません。海の環境変化の問題もあります。伊勢湾では「貧酸素水域」が問題になってきました。酸素がなくなると、そこに生息している魚が死んでしまい、回遊魚も酸素が無いところにはいきません。伊勢湾の貧酸素水域は最近20年くらいに見られるようになった現象です。

競争入札なのに、1週間30パーセント引きで落札

鈴木　漁業者が獲りすぎたから魚がいなくなったのではなく、環境が変わったのが大きい。にもかかわらず、漁業者が親魚も子魚も一網打尽に獲るから減ったとして、政府は漁業法を改定して魚種別・漁船別の漁獲制限枠の適用を義務化しました。もともと日本漁業は混獲型ですから中小規模の家族経営の漁業者には厳しい「逆風」になる動きと私は捉えています。大きな船と操業設備を有する漁業者は枠にゆとり

が生まれるかもしれませんが、中小規模の漁業者は漁獲枠を超える水揚げがあれば、即座に操業停止を命じられる恐れがあります。

しかも沿岸漁業者は特定魚種に的を絞った操業が難しく、どうしても混獲になってしまいます。すでに北海道ではたまたま割当枠を超えたクロマグロを漁獲した漁業者が操業停止を命じられ、裁判での解決を求める事態にまで発展しています。魚価安に原油や資材の生産コスト高と実所得が減少するなか、その難儀さに改定漁業法が拍車をかけています。そんな漁業者の厳しい経営環境を改善しようと永富さんが加入する鳥羽磯部漁協では「トロサワラ」のブランド化と環境に配慮した漁業から生まれた水産物であることを示す「エコラベル」認証を得た養殖ワカメの出荷にも力を入れていると聞きました。

永富　サワラは毎年７月に解禁で10月頃がいちばんうまい時期です。地元の漁業者は昔から「秋のサワラはトロのようにうまい」と言っていました。ところが、地元以外ではサワラを刺身で食べるという発想はまったくなく、西京漬が一般的。サワラは煮付けにしても、刺身にしても、焼いてもうまい。そこで「トロサワラ」の商品化を提案しました。漁協が漁業者に糖度計ならぬ脂肪濃度の計測器を配布し、漁獲したサワラの脂の乗り具合が基準値を下回らないよう測定してから出荷してもらうようにしたのです。

当漁協は2002年に鳥羽市の16漁協と磯部町の６漁協が合併して設立されました。今後も地域の漁業者を保護する防波堤であり続け、地域密着型の漁協でありたいとの思いが結実したのが、トロサワラと養殖ワカメのエコラベル認証です。エコラベルを付けたからといって高く売れるわけではありませんが、その事業化を通して漁業者の間に活力と自信が生まれてきました。現在はワカメ養殖、サワラで安定して１人あたりの収入がいちばん良い状態です。年収が300万から1000万になった人も少なくありません。組合員の平均年齢は60歳くらいです。今後、世代交代を進めていくには、やはり魚価を何とか上げていくしかないのですが、入札がネックになっています。

鈴木　入札であれば売り手と買い手の間に平等な力関係があると思っていましたが、違うのですか。

永富　そんなことはありませんよ。１週間30パーセント引きの価格で入札されたことが実際にありました。入札は一番先に札を置いた者が権利者で、まず札を開け、別の札を順次開けていきます。ここで初めて「勝った」「負けた」となるのですが、最初から30パーセント引きの価格が決まっているかのような状態が続いたのです。

鈴木　商人、買う側が談合して入札価格を決めているということですか。

永富　そうです。だれかがサインを出していて、最初から30パーセント引きで買いたたくという「談合」めいた動きがあったのではないでしょうか。かつては漁師の暮らしを思い、お互いさまでやっていこうと考えてくれる商人も少なからずいましたが、その関係が大きく変わってきているのです。漁業者とともに生きようとしていた流通事業者が大きく「変節」しつつあるというほかありません。

鈴木　漁業者に最も近い存在である商人が談合まがいの入札をしなければならない背景にも、「はじめに売価あり」の手法で自分たちのマージンだけはしっかり確保し、納入価格を設定するという大手流通資本の買いたたき構造があるということでしょうか。それが家族経営の漁業者に廃業を迫り、海という私たちの公共財を荒廃に導く要因ともなっているという現実に、私たちはもっと厳しいまなざしを向ける必要があります。

それだけではありません。上意下達の法制度による資源管理を目指す今回の改定漁業法で、漁協を中心とする漁業者の「自治」による資源管理を衰退させる可能性が高まってきました。いわば資源管理の名を借りた「協同組合つぶし」ともいえるでしょう。先にも申し上げましたが、漁船別の漁獲割当制度が大手資本型漁業により有利に働き、中小零細規模の漁業者の退場を迫る可能性は否定できないと思います。そうなれば海という公共財まで大手資本による利潤追求の独壇場と化してしまいます。そんな危機的状況に私たちは立たされているのです。

ながとみ・よういち

1943年三重県生まれ。1958年から漁業に従事。2000年に答志漁協専務理事に就任。その後、鳥羽磯部漁協常務理事を経て2004年に同漁協組合長に就任。2013年全国漁業協同組合連合会副会長に就任し、2018年鳥羽磯部漁協組合長に再任される。

6．元水産庁水産資源管理室長
佐藤力生さんと「沿岸漁業の未来」を考える

日本の漁業者数は14万5000人（2019年）。2003年以降、毎年約6000人がコンスタントに姿を消しています。それでも2021年度の食用魚介類の自給率は重量ベースで57パーセント、海藻類が69パーセントの水準にありますが、このまま漁業者が減り続けることになれば自給率は低下し、輸入依存に拍車がかかるのは必至でしょう。しかし、水産物需要の世界的な高まりは取引価格の上昇を招き、日本の「買い負け」が常態化しつつあるなか、新型コロナウイルスの感染拡大で停滞していたグローバル経済が回復基調に転じたことで化石燃料の国際相場が高騰しました。2022年にはロシアがウクライナに軍事侵攻し、化石燃料価格の高値が続いています。

水産庁を退庁後、三重県の鳥羽磯部漁協の組合員となり、漁業の現場から日本の水産行政への提言を続けてきた佐藤力生さん

それが燃油代や漁具といった操業コストの上昇となって漁業者を直撃し、経営環境を悪化させるのはいうまでもありません。それが高齢化と後継者難に悩まされる漁業者はもとより、収入の減少に苦しむ多くの漁業者に廃業を迫る要因となり、日本は「食」の自給基盤を失うことになりかねないのです。この過酷な現実をどう捉え、どこをどう変えていけば日本の漁業が持続可能なものとなるのかを水産庁OBの佐藤力生さんと考えました。この対談の２カ月後でした。単身赴任で三重県鳥羽市の鳥羽磯部漁協の監査を担い、漁業の現場で汗を流していた佐藤さんが急逝されたとの訃報が届きました。漁業という生業をこよなく愛し、何よりも漁業者の暮らしの安定と向上を大事にしようと努めてきた貴重な人材を失った悲しみは容易には消えません。だからこそ佐藤さんの思いを引き継ぎ、広く伝えていかなければならないと思うばかりです。

実質賃金低下と人間を外に置いた「資源管理」

鈴木　日本の漁業者は2003年の23万8000人から2019年には14万5000人になりました。にもかかわらず水産物の自給率（重量ベースの供給量）が55パーセントを維持できているのは、漁船や漁具の進歩によるものでしょうが、それらを駆使して漁をする漁業者がいてくれるからにほかなりません。このまま漁業者がいなくなってしまえば、私たちは「いのち」の糧を失うことになるでしょう。なぜ、漁業者は減り続けているのですか。

佐藤　最大の要因は魚価（浜値）が下がり続けているから。魚価が一向に上がらないのは、買って食べてくれる人がいないからです。それだけ勤労者が給料をもらっていない、賃金が低い状態に据え置かれていることが最大の問題でしょう。

1997年を100とした日本の実質賃金指数（2016年）は、世界の先進国でもまれに見るマイナス10.3パーセント。対して米国はプラス15.3パーセント、ドイツはプラス16.3パーセント。フランスはプラス26.4パーセント、オーストラリアがプラス31.8パーセント、スウェーデンはプラス38.4パーセントです。このように日本以外の先進国はプラス、おまけにトップのスウェーデンとの差は50パーセント近くあります。要するに日本の勤労者はそこまで安く働かせられているのです。この問題が大きく改善され、消費者の実質所得が向上するなか、仮に魚価が20パーセント上がれば、日本の漁業のありようは確実に変わってくるはずです。

過去20年間で原油価格は倍の水準になりました。これは漁を続けるための経費が倍になったことを意味します。船の燃料はもとより、網や漁具のほとんどが石油から生まれる製品だからです。経費は倍になったのに、この20年間で魚価は平均10パーセント下がっています。消費者の実質所得が上がらないからです。勤労者こそが食料の最大の利用者であり、その人たちの所得が向上しなければ、安くしなければ売れませんし買えません。だから食品価格は下がるのです。この悪循環について政治家や役人は口をつぐみ、「漁業者の経営努力が足りないからだ」といわんばかりの政策をとり続けています。それをまずやめてほしい。漁業者に注文をつける前に、政治家や役人が経済全体の流れを変える努力をしなければ、今後も漁業者が減る構造は是正できないと思います。

鈴木　サンマやアジ、スルメイカにサケの不漁やウナギの稚魚の減少が大きく報道され、海の資源枯渇の危機が叫ばれるなか、改定漁業法が2020年12月に施行され、科学的知見に基づき漁船ごとの漁獲枠を定める資源管理制度が導入されました。

佐藤　魚が獲れない原因を漁業者が資源管理をせず、乱獲に走ったからだと一方的に決めつけ、ならば「お上」主導で科学的な資源管理手法を進めるというのですから、いただけません。漁業者が無節操に魚を獲りすぎたから資源が枯渇したといいますが、彼らには厳然たる「経済的リミッター」がかかっています。たとえばカツオ漁の場合、一度漁に出れば500リットルぐらいの燃料を使い、それだけで３万円から４万円の支出になります。それで魚の売値が１キロ500円もしないとなれば、とても採算が合いませんから漁に出るのを断念せざるを得ないわけです。確かに獲れる魚が少なくなったら魚価はある程度上がりますが、今度は運送費や仲買人の仲介手数料が増え、これも漁業者の収益を引き下げる要因になります。

もうひとつ見落としてはならないのが、今回の政府主導による資源管理手法には人間を生態系の一部と捉える視点が欠落している点です。資源状況が悪くなれば、漁をする人間自体も減ってきます。この点がほとんど考慮されていないのが実に気になります。人間を生態系の外に置いたままで資源管理を進めるから、資源が回復して少しでも魚が増えたときに対応できなくなるのです。すでに漁業者は激減し、漁業そのものが絶滅危惧状態に陥っていてはどうにもならないということです。くどいようですが、やはり勤労者の実質賃金を向上させ、持続可能な魚価（浜値）にする政治の実現が急務なのです。

机上の論理で「ああすれば、こうなる」では……

鈴木　すごく重要な視点だと思います。これまで私は小売を頂点とした買いたたきが魚価低迷の背景にあると繰り返し指摘してきたのですが、いわゆる先進国のなかで日本の勤労者の実質賃金だけが過去四半世紀で10パーセント以上下落した水準にある現実にしっかり目を向け

取引を終え、次の水揚げを待つ産地市場

る必要があると痛感しました。それが需要そのものを顕在化できない、買いたくても買えない状況に多くの人を追い込み、農林水産業の現場を苦境に立たせているわけです。2021年以降は新型コロナウイルスの感染拡大による需要減少が取り沙汰されていますが、たとえコロナ禍がなくても、ここ20年以上、消費者は買えない状況に追い込まれ続けてきたということになります。

その点はよくわかりましたが、海の資源状況と政府主導の資源管理手法について、佐藤さんはどう考えていらっしゃいますか。

佐藤　確かに温暖化の影響は出ていますし、獲れなくなった魚種も増えているのは事実です。しかし、逆に獲れ過ぎて値がつかない「猫またぎ」の魚も出てきているのです。一口に資源状況といいますが、その数は実際に探索してみないとわかりません。探索といっても海の中を隅々まで肉眼で確認するわけにはいきません。漁業者は数十隻の船で大海原に出て、出漁先の海域を共同して見て回ります。あるところに反応があったら、全船に連絡して操業します。だから、一定数の漁船を維持していなければ魚群を発見する能力が極端に下がることにも通じるわけです。

「資源分布」といいますが、漁法を変えるか、場所を少し移動しただけでも全然違ってきます。たとえば海底の幅数メートルの岩の間に伊勢海老の通り道があります。そこから船の幅ひとつ外しただけで、ほとんどかからない。どんなプロの漁業者でも、初めての漁場ではまったく通用せず、20年以上やって何とかなるのが実状です。研究者や役人は船を使って漁場を探査しているといいますが、それがくまなくできるなら漁師は困ったりしません。伊勢湾でも毎日20隻くらいの船がサワラ漁に出ますが、２日前は400尾の水揚げがあったのに昨日はゼロというときもあります。魚群が船から目と鼻の先１キロにいるのか、２キロにいるかの差だけで大きく変わってくるのが自然相手の世界だということを忘れてはなりません。そのことを誰よりもよくわかっているのは他でもない漁業者自身です。

資源管理というのは、来年の資源に対してどういう獲り方をすればいいかというシミュレーション（仮説）です。それが実際に検証され、結果が再現できているかといえば、できているとはいえないわけです。今回導入された政府主導の環境管理モデルも、資源変動を一定のセオリー（数式）に当てはめた結果はこうなるから、これだけ獲ってはいかんという理屈です。それなら過去の資源変動を、その数式では再現できるかといえば、ほとんど外れで、当たっているのは偶然に近いというしかないと私は考えています。サンマもスルメイカも基本的には過去に一度も資源枯渇を招くような量が漁獲されたことはなく、サケはどんどん人工的に放流展開していますから資源変動で減るはずがないのです。それが10分の１まで減ったのは環境要因というほかないでしょう。

この20年間の世界の漁獲量は約9000万トンと一定

佐藤　環境要因といえば海水温が上がっているため、漁のエサに使うコウナゴの稚魚が獲れない問題があります。コウナゴを捕食する魚もいるわけですから、小魚がいなければ大きな魚もいなくなるという生物と生物の間の因果関係が色濃く出てきます。この視点が現在の「科学的数式」には欠落しがちです。対して漁業者はその因果関係があることを感覚的にわかっています。彼らは同じような船で同じような漁を一年中やっています。ほとんど同じ人間が同じ漁法、漁網で毎年同

イワシの水揚げ風景

じことをやっているにもかかわらず、魚が獲れたり獲れなかったりするのは何が原因かということです。そういう変動のなかで自分たちは生きていることを漁業者は知っています。だから、良いときには悪いときを思い出し、悪いときには良いときを思い起こし、少なくとも10年単位で良いとき、悪いときがあると常に覚悟しているのです。

佐藤力生さん（左）鈴木宣弘さん（右）

鈴木　そうした経験に基づく知見があるから、共同体的な調整に基づく地域ぐるみの資源管理ができるわけですね。ところが、その方法では漁業の斜陽化・衰退化を防げないとして、それまでは都道府県知事が漁協を通じて漁業者にしか付与してこなかった「沿岸漁業権」を企業にも開放する「水産特区制度」の導入を安倍政権は2013年に認めました。この動きを海というコモンズ（公共財）を一企業に無償で譲り渡すという強権的収奪であり、内閣法制局長が憲法違反と指摘する違法行為だと私は再三指摘しています。

佐藤　どうやって漁業を残すか、持続可能なものとしていくかという考え方と、１人でどれだけたくさんの魚を獲って、いかに利益を上げられるかというのはまったく別の世界の話です。まだノルウェーは後者に傾きがちですが、アラスカは前者。利潤追求のための生産性至上主義ではありません。あくまでも限られた資源の中で、どれだけ多くの人が、身を置く漁業コミュニティ（共同体）で生活していけるかどうかをしっかりと見極めて漁業のあり方を決めています。日本もアラスカと同様の方向に進んできたのですが、安倍政権からは違う方向に大きくかじを切った形です。

彼らは漁業が衰退したのは、自分たちの経済政策が悪かったとは決していいませんし、自由貿易の名の下にひたすら外国からの輸入を増やし続けたことに責任があるともいいません。そこにはまったく触れずに「あなたたち漁業者が零細業者で能力がないからです。だから企業にやらせましょう。漁業を成長産業にしましょう」という理屈にすり替えたことに他ならないと私は考えています。成長産業といいますが、この20年間の世界の漁獲量は約9000万トンと一定しています。むしろ、海の世界には昔から成長という概念はほとんどないといってもいいかもしれません。

持続可能という意味では、自分たちの食料を輸入に依存していたら大変なことになる、まさに自分たちの暮らしが破綻するということを一人でも多くの方にわかっていただきたいのですが、なかなか理解し

佐藤力生さんは「生産者と消費者が強固につながる日が来てほしい」と訴え続けた

ていただけないのがつらいところです。そうしたなか、私が思うのは、もしも火急の事態に陥り、万一、食料が配給制になるようなことがあれば「あなただけには優先的にお届けします」という仕組みがつくれないものかということです。「だから、いま私たちのとってきた水産物をしっかりと購入してくれる関係を築いていきませんか」と提案したいのです。すでにスイスではそうなっていると鈴木さんはおっしゃっていますが、それが日本でもできるでしょうか。その仕組みづくりに参加してくれる人は、消費を通して生産を担う人でもあると思います。たとえ遅々とした歩みでも、そういう形で生産現場と消費者がつながる日がくるといいのですが、ことは簡単に運びません。

鈴木　もうからなければやめるという資本の論理を超えてまで、企業が漁業を続けていくかといえば、そこには大きな疑問符がついて回ります。ありえないとまでいいません。しかし、「足る」を知って無理をしない、資源が枯渇するような強行的かつ破壊的な操業はしないという身体感覚を身に付けた漁業者で構成される共同体の「自治」に依拠した漁業こそ、真に先進的であり、自然の摂理にかなったものであると私は信じています。

さとう・りきお

1951年大分県生まれ。東京水産大学を卒業後、水産庁に入庁。水産資源管理室長、水産経営課指導室長などを歴任し、2012年に定年退職。著書に『「コモンズの悲劇から脱皮せよ」――日本型漁業に学ぶ経済成長主義の危うさ』（北斗書房）がある。ブログ「本音で語る資源管理」では水産行政を漁業の現場である「浜」からの視点で問い直している。2021年12月永眠。

終章にかえて
漁業権？　漁業法改定？　「？」だらけの同行取材
やっぱり「海」でも「３だけ主義」

「ショックドクトリン」を「規制緩和」の突破口に

「実に火事場泥棒的な動きです。ショックドクトリンというしかありません」。鈴木宣弘さんが険しく複雑な面持ちで、宮城県が適用を決めた「水産特区制度」を批判したのは2013年の秋でした。まだ東日本大震災の発生からわずか２年という時期です。大地震がもたらした大津波で東北地方沿岸地域は壊滅的な被害に見舞われ、復興どころか、復旧すらままならない状況にありました。漁業者はもとより、多くの水産関係事業者が失意と混乱のさなかに立たされていたのはいうまでもないでしょう。そこに降ってわくかのように持ち上がったのが、これまで都道府県知事が漁業協同組合（漁協）に優先的に付与し、漁協が組合員との協議を通して分配してきた「漁業権」を組合未加入の企業（事業体）にも付与できるとする「水産特区制度」の活用でした。

性急かつ議論を待たないかのような特区導入には、宮城県漁協に加入する県内各地の多くの漁業者からは漁業者不在の無謀な決議への批判の声が上がり、漁業者同士の議論に基づく「共同体自治」による漁業振興をゆがめかねない制度変更への不信感が表明されました。むろん「何としても早期の漁業再建を目指さなければならない」と考えない漁業者はいません。特区制度に不安を抱えながらも「やむなし」とする人もいます。ここに漁業者間の「分断状態」が生まれました。そんな混とんとした状況のなかで日本初の水産特区制度は2013年に動き始め、仙台市に本社がある水産事業者に漁業権が付与されます。こう

海にも「新自由主義経済」がもたらす負の影響が影を落としている

して当該海域でカキ養殖をしていた漁業者を社員として雇用する方式で〝企業〟養殖が再開されたのです。

この動きを鈴木さんは「自分が岩盤規制を突き崩すドリルとなって働く」と豪語する、当時の安倍晋三首相の強い意志が反映されたものと捉え、水産特区が「規制緩和」の入り口となって大資本を有する企業の漁業参入に拍車がかかる恐れがあると憂慮していました。その不安は現実のものとなってしまいます。大多数のマスメディアの関心が向かわないなか、安倍首相のドリルの刃は着々と回転を続け、日本の水産業の姿を変えるための法改正に向けた準備が進められたのです。そして2018年には改定漁業法が国会で承認成立しました。法改定の主たる目的は「漁業を成長産業にする」ことにあるといわれています。その実現のためには漁協への優先的付与が認められている「漁業権」

を漁業者以外の企業にも広く与えるための根拠となり、強い資本力を有する企業の漁業参入への「呼び水」と「追い風」になるような法整備を進めなければならないということでしょう。

「3だけ主義」と「私（企業）」「公（政官）」「共（協同組合）」の力

「漁業の成長産業化」のための法改定には、何事も自由競争の市場原理に委ねることが経済活動を活性化するという「新自由主義経済」の価値観が色濃く投影されています。それは鈴木さんが一貫して批判し続けてきた「今だけ、カネだけ、自分だけ」の「3だけ主義」に深く通じるものであり、過度な「自由貿易」と「規制緩和」が日本を食料危機に陥れる危険性をはらんでいることは本ブックレットをお読みいただければ、ご理解願えると思います。「新自由」という言葉の響きに惑わされると、その思想に隠された「弱肉強食」と「自然淘汰」という無慈悲な論理を是認し、すべて結果は「自己責任」であり、「自助」で解決すべきという冷徹な利己主義を容認することにもなりかねません。それで本当にいいのでしょうか。

「3だけ主義」は「私（企業）」と「公（政官）」のなれ合い（浸潤）から生まれる「お友だち優先の縁故資本主義」の横行による政治腐敗を固定化し、「共（協同組合）」の力を段階的に弱体化して「私」の一人勝ちを企図するものだと鈴木さんは警鐘を鳴らし続けています。それが日本の「食」の崩壊をもたらす深刻な要因となりつつあるからです。

「このままでは日本の中小零細規模の農業者と漁業者は生産現場からの退場を迫られ続けることになります。そうでなければ日本は食料自給の術（すべ）を失い、豊かな自然環境のなかで暮らしていく権利まで脅かされることにもなりかねません。いまほど『共』の力の復権が求められている時代はないと私は思っていますし、その主張を社会に浸透させるためなら身を粉にして頑張る覚悟です」と鈴木さんは説いてやまない人でもあります。

その言葉に触発され、「一緒に漁業の現場を訪ね、漁業者の肉声を聴いて回ってもらえませんか」とお願いしたのが、このブックレットを制作する起点となりました。当時も現在も大学での講義の合間を縫っては、全国各地からの講演依頼に応えながら著書の執筆に追われるという多忙な毎日を送る鈴木さんにご無理を強いるのはわかっていましたし、断られても仕方がないという気持ちもありました。

ところが、この申し入れに「わかりました。行きましょう。私も現場で働く人たちの生（なま）の声に直接触れる機会を得たいと考えていたところです。ぜひ一緒に勉強させてください」と２つ返事で快諾を得る幸運に恵まれたのです。

このブックレットに記載した内容は鈴木さんと各地の漁業関係者との対話をまとめ、生活クラブ連合会（東京都新宿区）ホームページの「生活クラブオリジナルレポート」欄にて発信した記事に加筆修正を加えたものです。表現ならびに表記については執筆を担当した当方にあることをご了解ください。

今回の取材を通して痛感したのは、魚をはじめとする水産物を何気なく口にしてはいても、頭や内臓を取り除くなどの加工処理を施した「商品」としての魚しか自分は知らないという「無知さ加減」です。漁業権や漁業法はおろか、漁業者の仕事も流通の仕組みについては、文字で読んだり話を聞いたりしたことはあっても、何もわかってはいないと気づかされました。

「漁業の民主化」という言葉をあえて消した改定法に危機感

鈴木さんとの同行取材をはじめて今年で４年になろうとしています。その合間に漁業法をはじめとする水産行政に精通した水産庁OBの田中克哲さんと全国漁業協同組合連合会（全漁連）常務理事の三浦秀樹さんから日本の漁業と水産行政の現状と課題、今後に向けた提言について取材する機会を頂戴しました。その詳細は前述の生活クラブオリジナルレポートに掲載されていますので、興味のある方はご覧ください。ここでは特に印象に残った点だけを述べさせていただきます。

「海はだれのものでもない。みんなのものです。にもかかわらず、今回の改定漁業法から『漁業の民主化』という言葉が消えました。改定前には明記されていた最も重要な言葉です。ここに私は最大の不満と強い危機感を覚えます」と田中さん。このままでは海という私たちの共有財産（コモンズ）の私物化が進む恐れがあるということでしょう。

「2010年以降に海洋環境が激変した背景には、コンクリート護岸や急ピッチで進められた埋め立て工事といった複合的な要因があります。これも海のゆりかごと称される藻場喪失を招いた大きな要因の一つになっています」と持っていき場のない気持ちを三浦さんは語ってくれました。

農林水産業の研究に専門職として従事する方は「人間の都合に合わせた机上の論理に従い、河川改修や砂防ダムなどの工事が繰り返されたことで川魚が絶滅寸前に追いやられています。もはや関西を代表する食文化の一つである小魚の佃煮まで消えゆく深刻な事態が生まれています」やるせない思いを口にしました。

「海砂（うみずな）の採取が藻場喪失の原因となり、沿岸の水産資源の枯渇を招いています」と教えてくれた漁業者もいます。そうした皆さんのお力をお借りし、無知の領域を多少なりとも狭められたことに感謝し、この場を借りて改めてお礼申し上げたいと思います。本当にありがとうございました。貴重な学びの機会を与えてくださり、このブックレットの刊行にご尽力してくださった鈴木さんはもとより、筑波書房の鶴見治彦さん、取材の際の写真撮影に力を注いでくれた魚本勝之さん、涼子さんご夫妻に重ねて感謝申し上げます。

また、序章で鈴木さんがお書きになられたように、日本の漁業の今後を大変深く案じ、漁業者の暮らしがあってこその持続可能な水産業であるとの姿勢を貫き通した水産庁OBの佐藤力生さんが2021年12月にご他界されました。誠に残念でなりません。謹んでご冥福をお祈りするとともに、佐藤さんのご遺志を継いで日本の食料生産基盤を守るための一助となる仕事に努めていくことを肝に銘じたいと思います。佐藤さん、さようなら。ご指導ありがとうございました。

生活クラブ連合会　山田衛

著者略歴

鈴木 宣弘（すずき　のぶひろ）
1958年三重県生まれ。1982年東京大学農学部卒業。農林水産省、九州大学教授を経て、2006年より東京大学教授。1998～2010年（夏季）米国コーネル大学客員教授。2006～2014年学術会議連携会員。一般財団法人「食料安全保障推進財団」理事長。『食の戦争』（文藝春秋　2013年）、『亡国の漁業権開放～協同組合と資源・地域・国境の崩壊』（筑波書房　2017年）、『農業消滅』（平凡社新書　2021年）、『協同組合と農業経済～共生システムの経済理論』（東京大学出版会　2022年　食農資源経済学会賞受賞）、『世界で最初に飢えるのは日本』（講談社　2022年）、『マンガでわかる　日本の食の危機』（方丈社　2023年）他、著書多数。

山田 衛（やまだ まもる）
1961年静岡県生まれ。成蹊大学文学部文化学科（現・現代社会学科）卒業。生活クラブ生協埼玉（埼玉県さいたま市）入職。1994年から生活クラブ連合会（東京都新宿区）へ。同連合会が情報の共同購入の一環として発行する月刊『生活と自治』編集室勤務。同紙編集担当から編集長、編集室長を経て、現在は生活クラブホームページに掲載中の「生活クラブオリジナルレポート」の企画執筆を担当。東大大学院鈴木宣弘教授との編著に『だれもが豊かに暮らせる社会を編み直す～「鍵」は無理しない農業にある』（筑波書房ブックレット　2020年）がある。

筑波書房ブックレット　暮らしのなかの食と農　⑳

もうひとつの「食料危機」を回避する選択

――「海」と「魚食」の守人との対話から――

2023年10月30日　第1版第1刷発行

編著者　鈴木 宣弘・山田 衛
写　真　魚本勝之
発行者　鶴見治彦
発行所　筑波書房
東京都新宿区神楽坂２－16－5
〒162－0825
電話03（3267）8599
郵便振替00150－3－39715
http://www.tsukuba-shobo.co.jp

定価は表紙に示してあります

印刷／製本　平河工業社

ISBN978-4-8119-0665-2 C0061